新饰家 丛书

New Decorated Home

舒适生活设计

李洪军　王浩雪　编著

辽宁美术出版社

图书在版编目（ＣＩＰ）数据

新饰家丛书. 舒适生活设计 / 李洪军等编著. —— 沈
阳：辽宁美术出版社，2014.5
ISBN 978-7-5314-6272-9

Ⅰ.①新… Ⅱ.①李… Ⅲ.①住宅-室内装修-建筑
设计-图集 Ⅳ.①TU767-64

中国版本图书馆CIP数据核字(2014)第091037号

出 版 者：辽宁美术出版社
地　　　址：沈阳市和平区民族北街29号　邮编：110001
发 行 者：辽宁美术出版社
印 刷 者：沈阳鹏达新华广告彩印有限公司
开　　　本：889mm×1194mm　1/16
印　　　张：3
字　　　数：20千字
出版时间：2014年5月第1版
印刷时间：2014年5月第1次印刷
责任编辑：郭　丹
封面设计：范文南　洪小冬
版式设计：王浩雪
技术编辑：鲁　浪
责任校对：李　昂
ISBN 978-7-5314-6272-9
定　　　价：25.00元

邮购部电话：024-83833008
E-mail：lnmscbs@163.com
http://www.lnmscbs.com
图书如有印装质量问题请与出版部联系调换
出版部电话：024-23835227

设计感悟:

室内设计既不是自然产生的，也不是无目的性的，准确地说，它是一种艺术。需要进行许多仔细的研究，并且需要去完成它。空间的本质就是空间，材料的装饰只是表面而已。好的室内空间设计除了能让人感觉自在、明快外，还应能让人拥有一份享受空间的奢侈感。体现空间应存的本质，实为居家设计的重点。

本套住宅采用古典欧式的装饰风格，高雅、贵气。整个空间视觉开阔，设计师通过合理的区域划分，有效地区隔了动静区域。并且运用各种不同材质，创造出一个大气、尊贵的居住空间，彰显主人的尊贵与品位。

做工考究的欧式沙发和大气的大理石茶几是整个客厅的主角，而精致的水晶吊灯和华美窗帘恰到的搭配，完美地演绎了简约欧式高雅的格调和氛围。

Fitment classroom
装修课堂——新古典主义风情

新古典主义作为一个独立的流派名称最早出现于18世纪中叶欧洲的建筑装饰设计界。

新古典主义不仅拥有典雅、端庄的气质，还具有明显的时代特征。新古典主义将繁复的装饰凝练得更为含蓄精雅，古典的魅力穿透岁月，在我们的身边活色生香。

代表人群：上流阶层、对西方文化情有独钟的人群。

适合户型：复式住宅、联排及独栋别墅。

优雅的居家氛围延续到了用餐空间，而宽大的窗户保证了温暖阳光被引入到室内。在这样阳光满屋的餐厅中用餐，相信主人一定每天都有好心情。

阳光充足的书房采用对称式布局，深色的家具庄重沉稳。两把布艺花椅和一束鲜花的加入，又为空间带来了一丝灵感和活力。

卧室设计的灵感来自于新古典主义对古典主义的简化手法，
整个空间在传统与现代之间诠释着审美观念的变化和革新。

合适且充足的照明，能让房间温暖、有安
全感，有助于消除独处时的孤独感。

好动是孩子的天性，飘逸的窗纱为儿童房
增添了几分灵动的美，整个空间呈现出一
派温馨甜蜜的氛围。

古典华丽又不乏现代的简洁的设计手法，
是主卫浴间布置的主基调。

设计感悟：

浪漫、富于造型变化，华丽、高贵又有情调，是整个居室的风格特征。

想营造一份浓浓的欧式情怀和浪漫气氛，不但要考虑整体搭配和色彩效果，而且要特别注意造型的选择，避免太烦琐或太简单，同时要注意对细节的把握。

善用古典风格，应具有一定的美学素养以及历史知识。在同一个室内环境里使用同一个时代的家具及装饰元素，源于细节但又不拘泥于细节，这样才能制造出欧洲古典风格的贵族气氛。

沙发的选择是客厅设计的重要组成部分，浅色的丝绒面料沙发配上深色家具，让空间在对比中达到统一的视觉效果。

方形的餐桌配上圆背的餐椅，为餐厅中注入了通透灵动的气质。让整个餐厅布置在庄重中又不失温馨活泼，居家的氛围也变得浓厚起来。

利用厨房的格局，橱柜被布置成了二字形的布局。

这样布局的最大优点是盥洗和烹饪互不干扰。

主卧布置得雅致宜人，床头的立柱设计强调稳重又不失古典的浪

漫氛围，勾勒出一幅让人无法抗拒的休眠情趣。

主卫的墙面采用马赛克与大块瓷砖对比粘贴的手法，给人以很强的秩序

感。深色手盆柜下面设置上照明灯具后，让整个空间变得明快起来。

设计追求细节上的完美，让浴室成为生活品位的象征之一。

书房中充满着中式情调，无论是家具，还是桌上的用品，都恰到好处地保持着一致的装饰语言，呼应着整体风格定位。

设计感悟：

"静、洁、雅"是空间内涵表达的重点。

居室的客厅大部分处在挑空结构之下，大面积的玻璃窗带来了良好的采光，落地的窗帘很是气派，布艺沙发组合有着丝绒的质感以及流畅的木质曲线，配上红色的皮质沙发，打破了空间的沉闷，将奢华与现代家居的实用性完美地结合。茶几上一瓶插花就足以丰富这部分的空间。鲜花可能显得分量不够，摆上精致的装饰物件，便能让饰品和居室融合。

客厅挑空的空间配置了造型独特的灯饰，墙面也被利用起来做出不错

的书架，再加上俏皮的沙发椅，整个空间布置得就像跳动的音符……

整个餐厅区域以长方
形图案作为设计元
素，缔造出简约而颇
具浪漫情调的用餐环
境。

分，将空间效益发挥到了极致。

楼梯间的每个角落都被利用得恰如其分，将空间效益发挥到了极致。

娇嫩的色彩，浴缸半
遮半掩的设置，让整
个空间在优雅与个性
之间取得一个相当绝
妙的平衡点。

家具的安排是塑造客厅风格的一大主角，深浅

对比的沙发布置，营造出强烈的视觉感。

为了显现出浓厚、深沉与庄严等特征，整个空间色彩以深棕、咖啡等暗色调为主，辅助色以金、白、黄等色彩。因为，新古典主义虽然摒弃了欧式传统风格中繁多的纹样，但是色彩依旧比较稳重。

壁灯、吊灯的搭配与整个室内环境相映衬，营造出浓浓的欧洲情调。配饰的安排与设计风格协调，摆脱了流行的小资情调，而是采用的现代而又不失庄重的沙发，从颜色和形式上与整体设计保持一致，这样的设计很适合具有欧洲文化情节的海归人士。

这里的设计，包括材料的选用都应该让你感觉到最贴切、最自由和最舒服。

在餐厅空间宁静端庄的氛围中，上拱形的吊顶营造出了跳跃的美感，带给用餐者享受最为开阔舒适的空间感受。

简洁的布置形式，承载着丰富的内涵。

简单、质朴的装饰语言，最经得起时间的考验，展现隽永的平实魅力。

氛围柔和雅致的老年房，展现着令人全然舒缓放松的卧眠氛围。

卫浴间中原有的下水管道影响室内美观，设计师专门设计一处摆放化妆品的小架，巧妙地将其掩盖起来，可谓一举两得。

设计感悟

本案是典型的美式田园风格，设计上讲求心灵的自然回归感，给人一种扑面而来的浓郁气息。开放式的空间结构、随处可见的花卉绿植、雕刻精细的欧式家具、各种花色的优雅布艺……所有的一切从整体上营造出一种田园之气。在任何一个角落，都能体会到主人宁静的生活和阳光般明媚的心情，悠然自得。

深沉里显露尊贵，典雅浸透豪华的设计哲学，也成为成功人士享受快乐、享受生活的一种写照。

装修课堂——雅致主义风格

雅致主义是带有极强文化品位的装饰风格，它打破了现代主义的造型形式和装饰手法，注重线形的搭配和颜色的协调。

反对简单化，讲求模式化，注重文脉，追求人情味。在造型设计的构图理论中，吸取其他艺术或自然科学的概念，以简洁的造型，纯洁的质地，精细的工艺为其特征。

把传统的构件通过重新组合出现在新的情境之中，追求品位及和谐的色彩搭配。不张扬的美充满温馨却贵气有余，隐约中有令人不由自主的亲近，只要你学会用一颗悠闲和睿智的心灵去体验，你就有了雅致之感。

代表人群：性情温和、喜欢情调、消费观念时尚、成熟、稳健、行为优雅的人群。

适合户型：一般住宅、公寓等。

空间的吊顶、欧式的家具、深红色的实木地板配以合适的
饰品、绿植，使得整个餐厅显得浑然一体，相得益彰。

厨房布置得整洁利落，让最爱清洁的女主人都认为无可挑剔。

睡床是卧室的主角，再精致些也不为过。

主卧室与书房之间采用半开放的布局，这样的
布局让两个功能区间的联系变得更加合理。

品位生活从这里开始……

看似简单的布局，
完整的使用功能蕴
藏其中。

设计感悟:

高挑的空间中，设计师运用典雅精致的设计手法，简单的布置与装饰元素，营造出质朴优雅的乡村风格。

在田园风格里，粗糙和破损是允许的，因为只有那样才更接近自然。以粗犷的实木板搭建起来的框架引入了田园气息。居室的用料崇尚自然，砖、陶、木、石……越自然越好。高大的毛石砌筑的壁炉，古朴的仿古地砖，碎花的布艺沙发，无不散发着怡人的乡土气息，创造出自然、简朴、高雅的氛围。

家的感觉油然而生。

Fitment classroom
装修课堂——乡村风格

美式乡村风格非常重视生活的自然舒适性，它在美国已经流传了几个世纪，这种装饰风格产生于美国开拓疆土的年代，室内家具和陈设很少受风格约束，任何物品均可随意放在一起：摇椅、小碎花布、野花盆栽、小麦草、水果、瓷盘、铁艺制品都是乡村中各种常用的物质。

代表人群：身体健康、物质条件好、喜欢恬淡闲适的原味生活。

适合户型：复式住宅、联排及独栋别墅。

   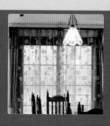 

客厅的装饰让我们感觉到了怀旧、浪漫和尊重时间的气氛。沙发布艺的图案和色调、吊顶和家具的形式、天然石材砌筑的壁炉都散发着淡淡的乡土气息。

主卧室不需要很宽敞，木制而结实的吊
顶和温馨的布艺就让你温馨无比。

田园风格的用料崇尚自然，砖、陶、木、石、藤、竹……越自然越
好，甚至粗糙和破损都是允许的，因为只有那样才更接近自然。

美式家具特别强调舒适、气派、实用和多功能，
就连厨房中的橱柜也秉承了这一设计理念。

卫浴间呈现的也是一致的自然优雅的风格。

卧室是家人彻底放松的地方，在这个充满自然质感的房间里，没有太多突兀的颜色，暖暖的色调使人心生安宁。

儿童房无论装修材料还是家具，都由环保材料打制而成，这样足以保证孩子活动在舒适环保的家庭环境中。

简单但很实用，符合现代人的心
理需求。

无须过多的修饰，精致的设计让
整个空间显得宽敞而舒适。

虽然没有了传统欧式的繁复，但客厅中的一景一物，构

成了一幅雍容华贵的欧陆风情图画。

随着脚步走入室内，你会被眼前的景致深深地吸引……

温馨典雅的欧式居室中，以黄色调为主，宽大的沙发下衬花色素雅的地毯，带窗的大面积餐厅，让整个居室显得很温馨舒适。而在温暖的色调中点缀几株绿色植物，又使房间变得活泼起来。

配线的使用让整个居室端庄，层次鲜明，不经意中透露出了主人的生活品位。

水晶吊灯是古典欧式风格餐厅照明的首选，配合高贵典雅的居室氛围，烘托出奢华的用餐气氛。

厨房空间虽不算太大，却同样给人典雅、高贵的好印象。

　　浅色调的环境中，深色的实木大床和窗帘显得尤为突

出，别致之余更带给人强烈的视觉冲击。

中西合璧，古今兼容，整个书房给人
一种优雅、温柔的意境。

清爽又不失温暖之感，让卫浴间中充
满了家庭的温馨。

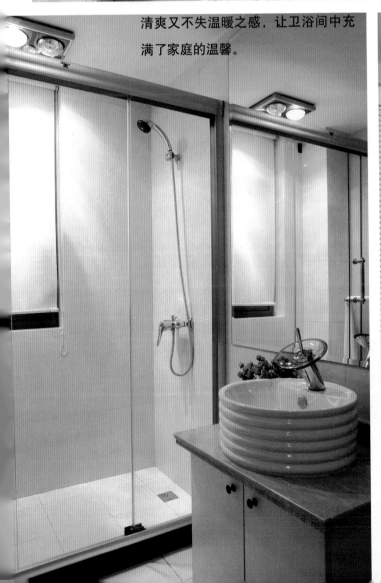

设计师根据房间实际尺寸和布局要求设计的整面墙的衣柜，既节约装修资金，又非常实用。

对于客卫浴间来说，黑色的地砖具有耐脏和易于清洁的优势，可以减少日后保洁的工作量。

充足的照明设计让空间多了层次感和亲切感，宽大舒适的布艺沙发突出了室内大气的氛围。

在典型的欧式风格设计中，全吊顶设计显示出欧式风格的气派，客厅与阳台全部打通，使空间更显开阔，各空间之间采用欧式立柱进行分割和装饰，既统一又有区别。地面的高档大理石地砖配以纯毛地毯，显示了欧式设计的高雅与品质，让人仿佛置身于别具风格的异国他乡。

全部配饰和家具也采用同样的风格，沙发、茶几、椅子、壁灯都尽显浪漫的欧洲风情，给人感觉舒适而高贵，极具艺术风格的现代油画装饰将主人的艺术品位、生活态度及文化素养进行了很好的体现。暖黄的色调与配饰和家具协调统一，热烈而又真挚，高雅而又含蓄，心情可以收放自如。

整个设计在注重艺术效果的同时，也体现了极强的实用性和空间感，它摒弃了欧式风格的繁冗，体现出简洁的风格，尽量扩大空间效果，给人一种雍容、大方的感觉，使欧式设计散发出新的魅力。

布艺窗帘与室内基调的完美结合，布置出了高雅的用餐空间。

宽大舒适的双人床，充足的光线照射，
让空间多了层次感和亲切感。

简洁大气的装饰手法，在这间厨房里得
到了完美的诠释。

卫浴间的设计已经不仅仅只是满足功能上的需求，整个空间都散发着别致又温馨的氛围。

书房属于中式风格，整体恰到好处地保持着一致的装饰语言。

设计感悟:

这是一个客厅与餐厅联体的住宅，进门后开阔的活动空间十分大气。里边的餐厅完全充斥在温馨的烛光之中，透出一种欧式古典风格的浪漫。

厅内的一切陈设都在追求着一种简洁与自然，简单的家居摆设、简单的家具组合、简单的色彩搭配……白色地灯、浅色磨砂玻璃做的哑口以及餐厅内白色的餐椅与之相呼应、相协调，在暗红色为主色调的家具，为整个厅堂赋予了另一种生命色彩。

整个空间填以简练的线条。充满简约、写意，而又不失庄重、沉稳的风情。精致的烛台、花瓶和布艺窗帘。许许多多别致的软装潢都细致地渗透在设计之中，表达出一种耐人寻味的内涵。

纯毛地毯总能给人温暖的感觉，它既丰富了视觉层次，又可增加生活的舒适性。

高贵、耐用的
深色天然大理
石令空间倍显
大气，同时又
不失温馨的居
家氛围。